全国算力中心应用发展指引（2024年）

中国信息通信研究院◎编

U0382406

人民邮电出版社

北 京

图书在版编目（CIP）数据

全国算力中心应用发展指引. 2024年 / 中国信息通信研究院编. -- 北京 : 人民邮电出版社, 2025.
ISBN 978-7-115-65021-4

Ⅰ. TP393.072

中国国家版本馆 CIP 数据核字第 2024DY2316 号

内 容 提 要

随着数字经济的快速发展，算力中心正逐渐成为推动经济发展的重要力量。算力中心是指能够提供大规模、高效率、低成本算力服务的计算中心，主要服务于人工智能、大数据、云计算等领域。《全国算力中心应用发展指引（2024年）》编写的主要目的是引导各区域算力中心供需对接、提升应用水平，方便用户从全国算力中心资源中合理选择。用户可根据业务需求，并结合本书提供的算力中心发展趋势及选择指引，科学合理地选择算力中心资源。

本书的主要读者对象包括算力中心/数据中心部门管理者、管理人员、监管部门人员、建设规划人员，以及在建设管理前沿领域从事研究的专家学者等。

◆ 编 　　　　　中国信息通信研究院
　　责任编辑　赵　娟
　　责任印制　马振武
◆ 人民邮电出版社出版发行　　北京市丰台区成寿寺路 11 号
　　邮编　100164　　电子邮件　315@ptpress.com.cn
　　网址　https://www.ptpress.com.cn
　　三河市中晟雅豪印务有限公司印刷
◆ 开本：880×1230　1/32
　　印张：2　　　　　　　　　　　2025 年 1 月第 1 版
　　字数：31 千字　　　　　　　　2025 年 1 月河北第 1 次印刷

定价：68.00 元

读者服务热线：(010)53913866　印装质量热线：(010)81055316
反盗版热线：(010)81055315
广告经营许可证：京东市监广登字 20170147 号

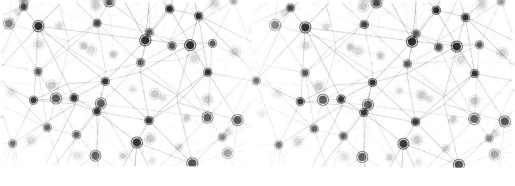

前言

为引导各区域算力中心依托"智算生态圈"等产业平台，提升供需对接、应用赋能水平，特编制《全国算力中心应用发展指引（2024 年）》。2017 年—2023 年我国算力中心在用机架规模的平均复合增长率为近 30%。在"量变"的同时，我国算力中心也在不断地"质变"，特别是近几年"新基建"、"新型数据中心"、"算力基础设施"相关政策以及"双碳"目标的提出，对算力中心的算力、运力、存力、赋能、绿色、安全等方面提出了更高的要求。GB/T 43331—2023《互联网数据中心（IDC）技术和分级要求》的实施和认证的开展，将进一步规范算力中心的各方面要求，从而提升算力基础设施的技术水平。

从全国总体情况看[1]，截至2023年年底，我国在用算力中心机架数达到810.2万架[2]，算力总规模超过230EFLOPS[3]（FP32）。从地域分布看，北京市、上海市、广州市、深圳市等一线城市的算力中心资源增速放缓，周边地区特别是枢纽节点集群中的新建算力中心快速增长。一线城市周边地区大量算力中心投产，算力中心规模整体增长较快，算力中心利用率不断提高，东中西部算力中心总体协同发展。从算力中心发展趋势看，算力综合供给体系渐趋完善，算力高效运载能力逐步提升，存力高效灵活保障深度强化，算力赋能行业应用持续深化，绿色低碳算力逐渐成为重点，安全保障能力建设日益加强。

各区域可根据《全国算力中心应用发展指引（2024年）》提供的供需情况，主动做好相关应用需求的转移和承接。用户可根据业务需求，并结合《全国算力中心应用发展指引（2024年）》提供的算力中心发展趋势，科学合理地选择算力中心资源。

1　相关统计数据来自2023年年底各地区的报送数据（其中不包括香港特别行政区、澳门特别行政区和台湾地区的算力中心）。

2　以功率2.5kW为一个标准机架。

3　EFLOPS [ExaFLOPS，衡量超级计算机性能的指标之一，表示每秒进行百亿亿次浮点运算的能力，这里表示方式皆为单精度（FP32）]。

《全国算力中心应用发展指引（2024 年）》为 2017 年以来第 5 次出版，编制时间紧张，难免有遗漏失误，如有意见建议请联系 dceco@caict.ac.cn 或 wumeixi@caict.ac.cn。

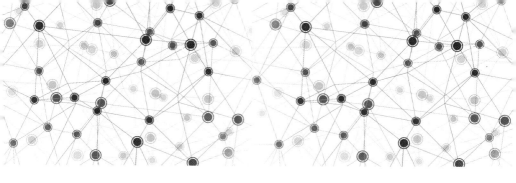

目　录

一、全国算力中心建设发展情况

近年来，我国算力中心规模总体快速增长，具体情况如下。

1. 总体规模方面，我国算力中心规模平稳增长

截至 2023 年年底，我国在用算力中心机架总规模达到 810.2 万架，与 2022 年年底相比，增长 24.2%，全国算力中心总体平均上架率达 66%。截至 2023 年年底，我国算力总规模超过 230EFLOPS（FP32）。其中，通用算力规模超过 160EFLOPS，智能算力超过 70EFLOPS，超算算力约为 4EFLOPS。我国存力规模约 1200EB，先进存储容量占比超过 25%。

2.地域分布方面，总体布局渐趋稳定

截至 2023 年年底，京津冀枢纽和长三角枢纽在用机架数的全国占比分别为 21.3% 和 24.3%，其余六大节点在用机架数的全国占比总和为 25.5%，我国算力资源的整体效能与辐射范围得到显著优化。从全国分区域情况看，北京市、上海市、广州市、深圳市等一线城市的算力中心资源增速放缓，周边地区特别是枢纽节点集群中的新建算力中心快速增长，网络质量、建设等级及运维水平较高，提供大量可用资源，逐渐承接一线城市的部分应用需求，可有效缓解一线城市算力中心资源紧张的局面。一线城市周边地区大量算力中心投产，算力中心规模整体增长较快，中西部地区算力中心网络、运维不断完善，业务定位逐步清晰，算力中心利用率不断提高，东中西部算力中心总体协同发展。

3.网络质量方面，大型规模以上的算力中心接入网络质量在提升

从接入网络层级看，截至 2023 年年底，58.3% 的全国在用算力中心连接了骨干网，其中大型、超大型算力

中心连接比例为 45%，规划在建算力中心预计有 64% 连接了骨干网。从接入带宽看，全国在用算力中心出口带宽平均为 821 吉比特每秒，在用机架平均带宽约 885 兆比特每秒。

4. 能效方面，总体能效水平显著提升

2023 年年底，我国算力中心总耗电量约为 1500 亿千瓦·时，与 2022 年相比增长 15%。全国在用算力中心平均电能利用效率（Power Usage Effectiveness，PUE）值为 1.48，与 2022 年的 1.52 相比有所改善。在用超大型算力中心平均 PUE 值为 1.33，大型算力中心平均 PUE 值为 1.43，规划在建算力中心平均 PUE 值为 1.29。

二、全国综合算力指数情况

（一）指数体系构建

中国综合算力指数体系共选取了 53 个指标，从算力、存力、运力和环境 4 个维度衡量我国 31 个省（自治区、直辖市）[1]2023 年的综合算力发展水平。其中，在算力分指数层面，设置城市算力分指数，综合评估全国拥有算力中心的 302 个地级行政区（包含 274 个地级市、28 个自治州，不含直辖市）的算力水平。

算力包括算力规模和算力质效 2 个二级指标。其中，算力规模[2]包括在用算力规模、在建算力规模、在用智算中心数量、在建智算中心数量 4 个三级指标；算力质效

---

1 全书统计数据均未包含香港特别行政区、澳门特别行政区和台湾地区。

2 算力规模监测范围为通用算力、智算算力和超算算力，覆盖运营商、第三方、互联网及行业数据中心、智算中心、超算中心等。

包括上架率、PUE[1]、CUE[2]、WUE[3]、算力业务收入、行业赋能覆盖量和大模型发布数量 7 个三级指标。

存力包括存力规模和存力性能 2 个二级指标。其中，存力规模[4]包括总体存储容量和单机架存力 2 个三级指标；存力性能包括 IOPS[5]、存算均衡和先进存储占比 3 个三级指标。

运力包括入算网络、算间网络和算内网络 3 个二级指标。其中，入算网络包括互联网带宽接入端口数、单位面积接入网光缆线路长度、千兆光网覆盖率、综合接入节点 OTN[6] 覆盖率、综合接入节点 IP 专线覆盖率、高速 IP 专线用户数、互联网专线用户数、固定带宽平均下载速率和移动带宽平均下载速率 9 个三级指标；算间网络包括国家级互联网骨干直联点数、省际出口带宽、单位面积长途光缆长度、省内高速光传输网络端口数、重

1　PUE 指算力中心总耗电量与 IT 设备耗电量的比值。

2　CUE（Carbon Usage Effectiveness，碳利用效率），指算力中心二氧化碳排放总量与 IT 设备耗电量的比值。

3　WUE（Water Usage Effectiveness，水资源利用效率），指算力中心水资源消耗量与 IT 设备耗电量的比值。

4　存力规模监测范围为算力基础设施存储能力，覆盖运营商、第三方、互联网及行业数据中心、智算中心、超算中心等。

5　IOPS（Input/Output Operations Per Second，每秒进行读写操作的次数），是度量存储系统性能的指标。

6　OTN（Optical Transport Network，光传送网）。

点站点全光交换（Optical Cross Connect，OXC）部署率、城域出口 IP 带宽、省内高速 IP 路由器网络端口数、算力中心间网络时延（省间）、算力中心间网络丢包（省间）、算力中心间网络时延（省内）和算力中心间网络丢包（省内）11 个三级指标；算内网络包括算力中心网络出口带宽、算力中心单机架带宽、算力中心省级骨干网接入、算力中心城域网接入、算力中心出口光纤路由可靠性、算内高性能网络技术应用和算内智能化网络技术应用 7 个三级指标。

环境包括资源环境和市场环境 2 个二级指标。其中，资源环境包括电价、自然条件、政策支持力度和清洁能源利用率 4 个三级指标；市场环境包括头部企业布局、人才储备、行业交流频次、示范荣誉、软硬件研发总投入和算力中心相关发明专利软著授权总数 6 个三级指标。

中国综合算力指数体系 3.0 如图 2-1 所示。

（二）综合算力指数整体情况

省级行政区综合算力指数 Top10 分别为河北省、广东省、上海市、江苏省、北京市、浙江省、山东省、山西省、内蒙古自治区、宁夏回族自治区，具体情况如图 2-2 所示。

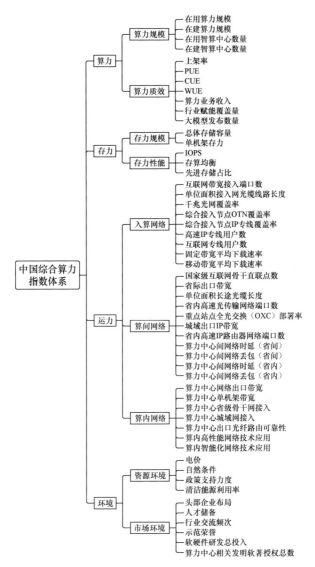

资料来源：中国信息通信研究院

图 2-1　中国综合算力指数体系 3.0

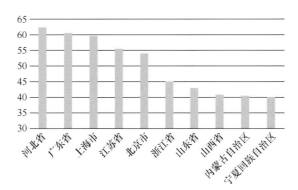

资料来源：中国信息通信研究院

图 2-2　省级行政区综合算力指数 Top10

北京市及周边地区中，北京市、河北省、山东省、山西省、内蒙古自治区等综合算力蓬勃发展。其中，河北省高度重视综合算力产业发展，全国综合算力指数成绩名列榜首。2023 年，河北省抢抓数字化变革新机遇，加速高质量建设数字河北，推动数字技术与实体经济深度融合，适度超前建设数字基础设施，顶层规划综合算力布局，发展成效显著。此外，山东省、山西省、内蒙古自治区等也充分发挥自身在算力、存力、运力或环境方面的优势，提升综合算力水平，驱动区域数字经济高质量发展。

东南部沿海地区中，广东省、上海市、江苏省、浙江省等综合算力发展地位稳固且持续领先。这些地区在算力、存力、运力和环境方面均表现卓越，综合算力实力强劲。

宁夏回族自治区凭借自身区位优势，在国家及地方政策支持下，加速发展综合算力产业，首次进入我国综合算力指数 Top10。

（三）算力分指数整体情况

我国省级行政区算力分指数 Top10 为河北省、上海市、广东省、北京市、江苏省、宁夏回族自治区、山西省、浙江省、青海省和贵州省，具体情况如图 2-3 所示。

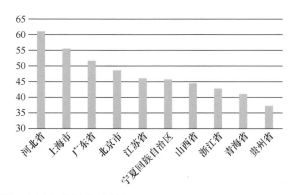

资料来源：中国信息通信研究院

图 2-3　省级行政区算力分指数 Top10

凭借政策、经济、产业、人才等优势，北京市、上海市、广东省的算力发展水平处于我国算力发展第一梯队。北京市及周边地区，例如河北省、山西省，由于区位优势、气候资源条件、地方政策扶持、超前布局的基础设施等多方面因素，算力产业得到快速发展。山西省位于我国中部地区，山西省政府高度重视算力发展，印发了《山西省促进先进算力与人工智能融合发展的若干措施》《山西省全力稳增长推动经济持续回升向好的若干措施》等文件，加快基础设施建设，为本地区及京津冀算力高需求地区提供算力资源，促进数字经济发展。

宁夏回族自治区、贵州省在国家及地方政府的相关政策支持下，借助区域资源、气候等天然优势，算力水平保持稳步提升。浙江省持续关注并推进先进算力、绿色算力、算力生态发展等重点方向，算力水平大幅提升。

（四）存力分指数整体情况

我国省级行政区存力分指数 Top10 为广东省、江苏省、上海市、河北省、北京市、浙江省、山东省、贵州省、内蒙古自治区、福建省，具体情况如图 2-4 所示。

其中，广东省存力分指数排名全国第一，存储容量超过 125EB，在规模和性能上发展均衡。江苏省、上海市、河北省在规模和性能方面各具优势。浙江省、贵州省、山东省存力规模均在 54EB 以上。

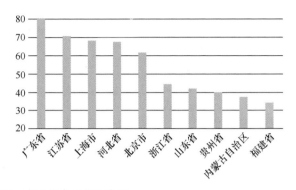

资料来源：中国信息通信研究院

图 2-4　省级行政区存力分指数 Top10

　　排名靠前的省（直辖市），例如广东省、江苏省、上海市、北京市等，均为我国经济发达地区，经济基础和技术先进程度是存力发展的关键因素，这些地区持续加强存储基础设施建设，从而保持较高的存储规模和存储质量。贵州省连续两年在存力分指数上保持在全国前十，内蒙古自治区入榜前十，西部地区存力发展水平显著提高。福建省给予存储技术高度重视和支持，聚焦发展大数据低成本和超长期安全存储等关键技术。

（五）运力分指数整体情况

　　我国省级行政区运力分指数 Top10 为广东省、江苏省、山东省、浙江省、上海市、四川省、北京市、河北省、湖北省、河南省，具体情况如图 2-5 所示。

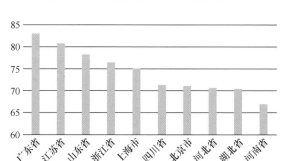

图 2-5　省级行政区运力分指数 Top10

各省（自治区、直辖市）持续强化网络运力政策引导，推动双千兆网络部署，强化网络新技术应用，促进省内、区域间网络高效协同互联，并取得积极成效。我国网络基础设施建设稳步推进，基础网络条件不断改善，网络运力质量不断提升，为我国运力赋能数字经济发展提供了有力支撑。

（六）环境分指数整体情况

我国省级行政区环境分指数 Top10 为内蒙古自治区、宁夏回族自治区、河北省、青海省、四川省、北京市、上海市、山西省、云南省、甘肃省，具体情况如图 2-6 所示。

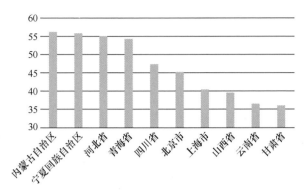

资料来源：中国信息通信研究院

图 2-6　省级行政区环境分指数 Top10

云南省、青海省在充分发挥地域气候能源优势的基础上，政府为地方综合算力发展提供了有力支持，云南省印发了《2023 年数字云南工作要点》，青海省印发了《青海省数字经济发展三年行动方案（2023—2025 年）》《青海省促进绿色算力产业发展若干措施》等一系列政策文件，加快新型基础设施部署，强力推进数字云南、数字青海建设。

（七）中国城市算力分指数

城市算力分指数[1]综合评估了全国拥有算力中心的 302 个地级行政区（包含 274 个地级市、28 个自治州，

1　为保证评价对象行政级别的一致性，不单独对贵安新区进行评价，按行政区划对安顺市及贵阳市分别统计分析。

不含直辖市）的算力水平。

城市算力分指数 Top10 城市分别为廊坊市、张家口市、大同市、中卫市、广州市、杭州市、苏州市、安顺市、昆明市、贵阳市，具体情况如图 2-7 所示。

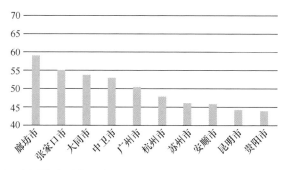

资料来源：中国信息通信研究院

图 2-7　城市算力分指数 Top10

城市算力分指数 Top10 城市，基本为我国省级行政区算力分指数 Top10 中的算力发展重点城市，枢纽区域及其周边城市算力发展成效显著。在国家战略引领下，我国算力布局正从传统的算力高需求城市向具备多维度发展优势（例如能源、气候、政策等）的地区扩散，形成多点开花、东西协同的发展格局，全国算力资源布局不断优化，促进区域协调发展。

廊坊市处于领先位置。廊坊市以算力集群赋能产业集群，加快数字经济建设，且率先布局人工智能产业，抢占发展先机，打造了京津冀人工智能产业发展和技术创新高地。张家口市凭借其独特的区位、气候及绿电能源优势，积极建设算力基础设施，不断完善发展基础，聚力打造京津冀"算力之都"。中西部城市，包含大同市、中卫市、安顺市、昆明市、贵阳市，算力发展迅速。大同市、中卫市更为显著，甚至超过沿海城市。这得益于中央、地方政府对算力发展的双重支持，同时体现了能源供应充足和气候条件适宜对算力发展的重要性。大同市煤炭资源丰富，在转型发展中注重发展绿色能源，为算力中心提供稳定且成本较低的电力；中卫市则利用其凉爽干燥的气候和丰富的可再生能源，成为西北部算力枢纽的代表。

三、算力中心发展趋势

（一）算力方面：算力综合供给体系渐趋完善

在建设布局方面，按照全国一体化算力网络国家枢纽节点布局，统筹东西部地区算力发展需求与资源供给的匹配关系，优化东西部地区算力中心建设，推动东西部地区算力的高效互补与协同联动。

在算力结构方面，针对不同的应用场景和业务需求，构建多元化的算力结构，重点关注西部算力枢纽及人工智能发展基础较好的地区，开展集约化智算中心建设，逐步提升智能算力在算力结构中的占比，同时依托算力产业发展方阵打造"智算生态圈"，推动智能算力与通用算力的协同发展，以满足不同类型算力业务需求。

在边缘算力建设方面，进一步加快边缘算力建设，

"云边端"算力泛在分布、协同发展，增强低时延应用场景能力，加快行业算力建设布局，支撑传统行业数字化转型。

在算力标准方面，制定算力设施、IT设备、智能运营等方面的基础共性标准，规范算力产业的发展，进一步完善相关技术要求和测试方法，提升算力供给的质量和效率。

（二）运力方面：算力高效运载能力逐步提升

在算力运载方面，加强异构算力与网络的融合能力，实现计算、存储的高效应用，开展数据处理器（Data Processing Unit，DPU）、无损网络等技术在智能计算、超级计算和边缘计算场景的应用和升级；完善中国算力平台建设和数据采集机制，推动大型以上算力中心加入网络协同系统，持续加强算力中心的网络质量评价和跟踪工作。

在算力接入网络方面，大力提升边缘节点灵活高效的入算能力，逐步实现城区重要算力基础设施间时延不高于1毫秒，同时，推动算力网络国家枢纽节点直连网络骨干节点，逐步建成集群间一跳直达链路，国家枢纽节点内重要算力基础设施间时延不高于5毫秒。

在枢纽网络传输方面，注重 400 吉比特每秒和 800 吉比特每秒高速光传输网络研发部署和全光交叉、SRv6、网络切片、灵活以太网、光业务单元等技术应用，实现网络传输智能高效、灵活敏捷、按需随选。

（三）存力方面：存力高效灵活保障深度强化

在存力技术方面，重点围绕全闪存、蓝光存储、硬件高密、数据缩减、编码算法、芯片卸载、多协议数据互通等技术研发和应用，实现存储闪存化升级，提升我国全闪存技术的竞争力。

在存储产业方面，鼓励存储产品制造企业持续提升关键存储部件等自主研发制造水平，推动强链、补链和延链，提升产业链的韧性，完善产业生态，提升存储产业能力。

在存算网协同方面，加快存储网络技术研发应用，推动计算与存储融合设计，促进存储与网络和计算协同发展，实现数据在算力中心内部和算力中心之间的高效流动。

（四）赋能方面：算力赋能行业应用持续深化

集成多方算力资源和开发平台，鼓励各地为中小企业、科研机构提供普惠算力资源，降低算力使用成本和门槛，保障算力使用的需求。推动算力在更多生产与生活场景中的应用落地，支撑个人增强现实 / 虚拟现实设备在社交、娱乐方面的沉浸式场景应用；保障家电控制、环境控制、安防报警等智能家居应用算力供给。持续推进算力对创新应用的支撑，推动算力在元宇宙、数字孪生等新业态拓展应用。同时，推动算力在工业、教育、金融、交通、医疗、能源等更多生产生活场景的应用落地，实现算力技术和应用在各行业的广泛应用和快速发展，为经济社会的数字化转型提供有力支撑。

（五）绿色方面：绿色低碳算力逐渐成为重点

在算力碳效方面，支持液冷、储能等新技术应用，探索利用海洋、山洞等地理条件建设自然冷源算力中心，优化算力设施 PUE、WUE、CUE，提升算力的碳效水平。

在市场应用方面，鼓励算力中心采用源网荷储等技术，支持与风电、光伏等可再生能源融合开发、就近消纳，提升算力设施绿电使用率。

在行业转型方面，重点推动算力设施在工业等重点行业发挥应用赋能作用，促进企业经营活动数字化、智能化发展，助力行业节能减排，构建"算力+"绿色低碳生态体系，降低社会碳排放总量。

（六）安全方面：安全保障能力建设日益加强

在网络安全方面，强化安全技术手段建设，加强对网络流量、行为日志、数据流转、共享接口等安全监测分析，推动威胁处置向风险预警和事前预防转变，建立威胁闭环处置和协同联动机制。

在数据安全方面，加强数据分类分级保护，制定数据全生命周期安全防护要求和操作规程，配套建设数据安全风险监测技术手段。

在产业链方面，鼓励算力基础设施采用安全可信的基础软硬件进行建设，保障供应链安全。同时，还应注重关键技术的研发和创新，提升软硬件协同和安全保障能力。

在算力设施方面，对重要系统和数据，建立热备双活机制，应用仿真灰度测试、混沌工程等新技术，发掘并消除软件系统潜在隐患。

四、算力中心发展行动指引

算力中心作为重要的信息基础设施是数字经济发展的前提和基础。在数字经济奔涌发展的浪潮下，要全面贯彻落实党中央、国务院关于加强战略布局，加快建设以 5G 网络、全国一体化数据中心体系、国家产业互联网等为抓手的高速泛在、天地一体、云网融合、智能敏捷、绿色低碳、安全可控的智能化综合性数字信息基础设施的决策部署，加强算力基础设施建设，深入把握算力发展的关键环节，推动算力全面、可持续发展，为中国数字经济发展提供新动能。

（一）系统布局算力中心建设

合理全面推进以通用、超算、智算中心和边缘算力中心为代表的算力基础设施建设，充分利用好园区建设，进行算力产业的集群化布局；加速 5G 基站、千兆光网等网络基础设施建设，持续推进重点园区、场所、行政村及新地域的网络规划建设；加快磁盘阵列、存储阵列、光盘等存储设施建设，降低对外依存度，提升我国在数据存储领域的国际竞争力。

（二）加速推动核心技术创新

加强算力领域技术研究与中长期科技规划，提升算力中心的技术支撑能力。加快芯片算力、AI 大模型、下一代存储技术、Net5.5G 等算存运技术研发部署，推动技术存储网络核心技术底层研发和技术攻关，提升数据计算、数据流通、数据防护等关键技术水平；加强算力技术领域人才的培养，建立算力技术培训机制，设置奖励机制，吸引优秀人才投入算力技术领域的研究和创新，以产学研用合作推动算力技术创新取得成果。

（三）加快政策标准体系建设

各地区要积极推动相关协会、团体的协作，从技术、接口、设备、平台等多个维度，开展相应技术要求、测试规范、应用场景及需求规范的研究制定，通过"算力中心绿色等级"和"算力中心低碳等级"等测试认证以及"算力强基行动"等方式，为新技术、新产品、新应用落地提供支撑。加强国际交流合作，围绕架构、安全和服务等多方面进行国际标准研究，构建中长期的标准体系，实现我国算力中心的标准化和生态完善。

（四）持续构建全产业链生态

加强算力产业相关的资源整合，发挥区域和行业的协同效应，积极围绕计算、存储、网络等项目统筹规划，打通算力上下游产业链，促进各个产业之间的对接和协作。积极适应市场需求，推动建立公平、开放的市场竞争机制，积极探索算力产业的管理与监管模式，促进开放性创新体系和技术应用的跨学科融合，从广度和深度上增强国内算力产业生态系统的可持续性，引导算力产业创新、安全、可持续发展，实现市场机制的公正性和透明性。

（五）激发算力产业创新动力

积极推动算、存、运一体化发展，打造能满足多元化算力需求的算力中心，推动算力在重点行业产业链、供应链的深入应用，促进算力在工业互联网、乡村振兴、智慧政府、智慧医疗、智慧教育、金融、电信、科技、文化等众多垂直领域的应用，实现不同应用场景的定制化算力供应。打造应用示范项目，树立高效计算、先进存储、融合网络等方面的标杆，推动标准和政策落地，带动千行百业，实现算力创造价值、驱动创新发展。

五、算力中心选择指引

　　用户在选择应用算力中心时应根据需求，综合考虑地理位置、网络、成本、运营服务能力等因素。首先，应充分考虑应用需求的特点，量化关键要素和指标，确定算力中心应用部署方式；其次，考虑算力中心选址；最后，结合具体算力中心的绿色低碳水平、算力算效水平、可用性水平、服务水平、网络质量、价格成本等情况，科学合理选择算力中心资源。

（一）评估算力中心应用需求和部署方式

　　一是量化评估企业目前的应用情况，评估未来的业务需求规模和时间节点，做好算力中心容量管理。二是根据不同业务类型，分类做好边缘算力中心与大型算力中心的布局和规划，合理选择基础设施部署方式，对于网络质量要求较高或需要多地分散部署的业务，可优先考虑算力中心租用策略；对于核心敏感数据、安全性要求极高的业务，可优先考虑数据存放在本地自有算力中心，选择算力中心自建或合建策略。三是对于自建算力中心应先判断在现有算力中心基础上选择改造扩建还是新建，再确定算力中心选址和建设方案，对于租用算力中心，则进一步考虑选择服务商。

（二）确定算力中心选址

算力中心的位置会影响用户体验、业务成本、安全性等多个方面，因此在选择算力中心时，应多维度综合考虑选址影响因素：从安全角度，应考虑地震、台风、洪水等地质灾害因素；从成本角度，应考虑温湿度气象条件、电力资源成本及配套成本等因素；从运维角度，应考虑交通、城市发展配套及人才环境等因素；从业务发展角度，考虑市场需求、网络质量及政策环境等因素。算力中心选址模型见表5-1，表5-1列出了算力中心选址的主要因素，用户可以根据实际业务需求设定要素权重，建立评估模型，选择最优的算力中心位置。

表5-1 算力中心选址模型

序号	选址要素	
1	地质灾害水平	地震

（续表）

序号	选址要素	
2	地质灾害水平	台风
3		洪水
4	气象条件	温度
5		湿度
6	能源配套	电力资源配套
7		供水能力配套
8		其他能源配套
9	基础设施配套	交通设备配套
10		城市发展配套
11	价格成本	用电成本
12		人力成本
13		租赁成本（租用时考虑）
14	网络资源配套	网络容量
15		网络时延
16	人才环境	人才供给能力
17	外部环境	市场需求环境
18		政策环境

（三）选择目标算力中心

用户选择算力中心不仅要考虑需求部署、地理位置、算力中心服务商等因素，而且要从实际业务需求出发，对具体算力中心的可用性水平、绿色低碳水平、算力算效水平、安全性、服务能力、网络质量、价格成本等重点因素进行综合考量，选择最优的算力中心。

GB/T 43331—2023《互联网数据中心（IDC）技术和分级要求》已于 2024 年 6 月 1 日正式实施，该标准规定了算力中心在可用性、绿色节能、低碳、算力算效、安全性和服务能力等方面的技术和分级要求。其中，在可用性方面，该标准要求算力中心具备高度的可靠性和稳定性，能够应对各种突发情况和故障，确保数据的安全和业务的正常运行；在绿色节能方面，该标准对算力中心的绿色节能方面提出了明确要求，包括采用高效节能的设备和技术、优化能源利用结构、提高能源利用效率等，同时规定了算力中心的 PUE 和 WUE 等指标的评估方法，为算力中心的能效评估提供了量化指标；在低碳方面，该标准重点围绕能源和碳利用效率、低碳节能技术与方案、低碳战略与管理及低碳应用创新 4 个维度进行规范；在算力算效方面，该标准明确了评价算力中心 IT 层面性能的重要指标，可量化评估算力中心的性能，缓解算力供需存在的失衡问题，为优化资源配置提供依据；在安全性方面，该标准规定了算力中心应具备的安全防护措施，包括物理安全、人员安全、设备安全、消防安全、网络安全等方面，引导算力中心进一步构建有效的安全体系；在服务能力方面，该标准在关键基础设施运营保障能力、运维管理能力、网络运营能力、服务品质提供能力4个领域提出了要求，为客户端、服务端、监管端发展带来了积极的作用，将有效协助用户根据特定的业务需求，精准选择符合其要求的算力中心。中国信息通信研究院据此国家标准，联合开放数据中心委员会（Open Data Center Committee，ODCC）等共同开展DC Tech 算力中心六大认证，认证范围覆盖数据中心、智算中心、超算中心及边缘数据中心，以期全面提升算力中心的技术水平与综合能力，用户可以参考算力中心的等级认证结果选择适合的算力中心。

GB/T 44463—2024《互联网数据中心（IDC）总体技术要求》将于 2025 年 4 月 1 日正式实施，该标准规定了互联网数据中心（IDC）及设备在基础要求、高技术、高算力、高能效和高安全 5 个方面的技术要求，适用于互联网数据中心（IDC）及设备的规划、设计、建设、运维和评估。其中，在基础性方面，该标准明确了互联网数据中心设备或部件所必需的基础性指标要求，涵盖基础设施、IT 设备等方面，确保数据中心能够满足基础服务要求；在高技术方面，该标准强调了对新技术的应用，规定了互联网数据中心设备或部件可采用的尖端或新兴技术，以显著提升数据中心的功能或性能指标；在高算力方面，该标准对计算、存储和网络等设备提出了高算力要求，强调互联网数据中心设备或部件应具备较强的信息处理能力；在高能效方面，该标准在基础设施、IT设备等方面提出促进数据中心能效水平提升的具体要求；在高安全方面，该标准要求互联网数据中心设备或部件具备较好的安全性，以实现业务连续稳定运行。该标准为我国算力中心的建设、运营与维护提供全面的技术指导和支持，确保其在高技术、高算力、高能效和高安全等方面达到国际领先水平。

目前，DC Tech算力中心等级系列认证已经形成一套综合的认证体系，该体系包括通算认证、智算认证和超算认证，旨在为算力中心的全生命周期提供专业的指导和保障。DC Tech智算认证体系（1.0）涵盖绿色低碳、大模型算力、智能运维、协同优化、边缘智能等子体系，该体系为智算中心的规划、设计、建设和运营提供了全面的框架和指导，推动智算中心技术创新发展并加速落地应用。DC Tech智算认证体系（1.0）如图5-1所示。

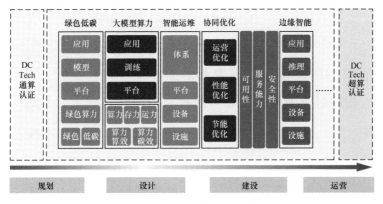

图 5-1　DC Tech 智算认证体系（1.0）

1. 可用性

算力中心的基本功能是为电子信息设备提供运行环境，算力中心的可用性是指能保障电子信息设备正常运行的能力。不同类型业务对算力中心发生故障的频率和时长接受度不同，因此选择算力中心时需要考虑算力中心的可用性水平。算力中心的可用性主要包括不间断电源（Uninterrupted Power Supply，UPS）及空气温湿度调节、供电空调设备及环境监控系统、网络布线路由等方面，算力中心的可用性级别取决于其中最弱的系统或组件；对于可能发生的故障，需要考量故障发生的场景和概率，同时判断是否容易及时发现并具备尽快维护的能力。

案例介绍：

万国数据廊坊数据中心在供配电方面采用双路供电，引入 4 路进线，UPS 蓄电池后备时间大于 15 分钟，网络已连接到骨干网，现场存在两个以上接入间，外线进入接入间、接入间到各模块均为独立双路由，网络传输稳定，经过认证，其可靠性为（运行类）5A 等级。万国数据廊坊数据中心（廊坊一号）如图 5-2 所示。

图 5-2　万国数据廊坊数据中心（廊坊一号）

云巢·东江湖数据中心在供配电方面市电引入为 $2N$ 配置，备用冷源运行时间大于 12 小时，制冷供冷系统管路系统均为 $2N$ 模式，园区至外部互联的网络路由具备 3 个不重合的管道路由，网络传输稳定，经过认证，其可靠性为（运行类）5A 等级。

中国·雅安大数据产业园经认证其可靠性为（运行类）

5A 等级，IT 设备方面主要采用服务器电源 80Plus 黄金级、网络采用 EEE 以太网等技术，制冷设备主要采用自然冷却（板式换热器）、末端机组风速进行减小调整等技术。

2. 绿色

在算力中心全生命周期内，投产运营后的电费、水费等成本占据总成本一半以上，选择绿色节能的算力中心不仅有利于降低成本，也有利于环境保护。算力中心的绿色节能可以从资源利用效率、节能技术、绿色管理、绿色创新等方面进行考量。资源利用效率需要考量 PUE、WUE 等主要资源的利用情况；节能技术需要考量供配电系统、制冷系统、IT 系统及其他配套系统和设备是否采用了相关高效节能的技术；绿色管理需要考量算力中心是否有完备的绿色管理机制、专门的绿色管理团队、定期统计分析并优化算力中心的能效等管理措施；绿色创新需要考量算力中心对于创新性技术、绿色建筑、可再生能源利用、能源再利用等方面。

案例介绍：

中国电信京津冀智能算力中心在制冷设备方面，系统采用高效变频设备，包括冷机、冷塔、水泵、末端热管背板空调、精密空调、列间空调等，通过高水温、大温差技术，局部结合热管多联主机采取等措施，有效降低制冷系统 PUE 因子。

腾讯仪征东升云计算数据中心在 IT 设备方面，采用腾讯自研的星星海服务器，实测性能提升 220% 以上，制定能源管理等制度，并且所有采集数据均接入腾讯 Nebula 星云系统，由星云系统进行存储计算、历史数据查询与分析与各项容量的监控，便于对节能潜力环节进行优化。

中国移动高原大数据中心是青藏高原规模最大的绿色云计算数据中心，在 IT 设备方面，采用业界高标准电源，提升电源的转换效率，减少电源损耗，同时部署云计算资源池，根据业务实际需求提供计算资源，使 IT 设备能耗下架 30%～50%。中国移动高原大数据中心如图 5-3 所示。

图 5-3　中国移动高原大数据中心

3. 低碳

算力中心的低碳情况可以从能源效率及排放情况、低碳节能技术与方案、低碳战略与管理、低碳创新性探索、资源回收等方面进行考量。能源效率及排放情况需要考量 PUE、WUE、CUE 等主要资源的利用情况；低碳节能技术与方案需要考量算力中心降碳措施、可再生能源及资源回收等情况；低碳战略与管理需要考量低碳组织与战略及其管理体系；低碳创新性探索主要考量突破性降碳技术应用、相关投资及算力算效。

案例介绍：

百度云计算（阳泉）中心深度优化供配电、制冷及 IT 设备的能效，结合百度人工智能技术实现了系统的高效运转，以及碳排放的精准计量。充分利用当地太阳能、风能，楼顶布置太阳能光伏，显著提升数据中心整体能效碳效。

秦淮数据官厅湖新媒体大数据产业基地在全生命周期维度践行绿色、低碳、可持续发展理念，实现制冷、供配电、辅助等系统高效运行，全年平均 PUE 值可低至 1.14，通过 DC-Tech 数据中心低碳认证并入选 2022 年国家新型数据中心典型案例绿色低碳类。

中国电信（国家）数字青海绿色大数据中心在建筑、IT、供配电、制冷设备方面采用创新材料、高效服务器、余热回收、智能化等技术，提升算力、算效，降低耗电和碳排放。每年可节约用电量 3900 千瓦·时、电费 1800 万元，年减少碳排放量达 27.48 万吨。中国电信（国家）数字青海绿色大数据中心如图 5-4 所示。

图 5-4　中国电信（国家）数字青海绿色大数据中心

4. 算力算效

算力中心在注重整体绿色低碳发展的同时，更应注重算力和算效，从而将自身的输出能力实现最大化。算力是一种衡量算力中心"产出"的指标，是算力中心通过对数据进行处理后实现结果输出的一种能力，可以表示算力中心的计算能力，数值越大代表综合计算能力越强。包含以中央处理器（Central Processing Unit，CPU）为代表的通用计算能力和以图形处理单元（Graphics Processing Unit，GPU）为代表的智能计算能力。最常用的计量单位是每秒执行的浮点运算次数。算效则是一种衡量算力中心投入与产出的指标，是算力中心算力与功率的比值，是同时考虑算力中心计算性能与功率的一种效率。数值越大，代表单位功率的算力越强，效能越高。

案例介绍：

北京有孚永丰数据中心通过有孚云平台输出算力，对于通用算力，有孚云可以提供通用型、内存型、高主频型和裸金属服务器算力，支撑企业应用、网站、电商、数据库等各种通用应用场景，通过有孚网络对园区内资产进行精细管理，对电力、制冷、空间、网络端口等容量通过动态均衡优化等手段，以提升整个数据中心内 IT 设备利用率，进而提升算效。

中国移动（郑州航空港区）数据中心通过统筹考虑

数据中心内的各类计算、存储和网络资源，采用松耦合架构配置各类资源，实现资源的共享和灵活调度，根据资源消耗比例灵活增加或减少某类资源的配置，使资源配置优化，真正做到按需实现最优。中国移动（河南郑州航空港区）数据中心如图 5-5 所示。

图 5-5　中国移动（河南郑州航空港区）数据中心

5. 安全性

算力中心的安全性应从物理环境安全、人员安全、消防安全、网络安全等方面综合考量，根据业务的类型和重要性程度，选择安全性适宜的区域部署。物理环境安全需要考量安全区域划分及管理、边界及安防管理、门禁及钥匙管理、监控管理以及交接区管理等方面；人员安全需要考量现场人员的资质证书以及是否配置足够的人员防护设备；消防安全需要考量是否按照规定配置灭火设备、火灾报警系统，并符合国家相关标准；网络安全需要考量网络和通信安全、设备和计算安全、应用和数据安全等方面。

案例介绍：

丝绸之路西北大数据产业园一期安全性等级为4A级，为确保数据中心的不间断运行，园区采用4路市电并配备11台高压柴油发电机组，市电中断时可在100秒内自启动，确保12个小时的电力保障，各机房配备各类智能灾害传感器、自动灭火装置，实时上传状态信息至监测系统，实现自动预警、自动防控。

中国移动（山东青岛）数据中心安全性等级经认证为4A级，网络安全方面具备跨安全域访问控制策略，确保只有授权人员才能访问敏感区域和数据，同期搭建西门子BA群控、动环监控、视频远传监控和DICM综合信息平台来保证运行数据的采集和分析，保障数据中心安全运行。中国移动（山东青岛）数据中心如图5-6所示。

图 5-6　中国移动（山东青岛）数据中心

6. 服务能力

服务能力主要考量服务商对算力中心设施设备的运营保障能力，主要包括关键基础设施运营保障能力、运营管理能力、网络运营能力和服务品质提供能力等方面。关键基础设施运营保障能力主要考量算力中心在供配电、制冷、消防、安防、弱电、综合布线等关键基础设施系统的运营保障能力及日常的运行管理机制和能力。运营管理能力主要考量信息安全管理、日常管理、其他运维管理机制等。网络运营能力主要考量算力中心的网络质量评价、内部网络互联评价等。服务品质提供能力主要考量算力中心服务商的服务资质、服务产品、服务支持能力、技术能力及流程规范性等方面。

案例介绍：

万国数据廊坊数据中心（廊坊一号）的服务能力认证为（运行类）5A 等级，该数据中心提供公有云、私有云服务等业务，网络已连接到骨干网，对不同机房及机柜，具备高速网络连接及网络管理能力，服务资质齐全，具备完善的客户需求收集、跟踪、处理和反馈机制。

环首都·太行山能源信息技术产业基地服务能力为（运行类）5A 等级，服务范围广泛，建设了"可再生能源＋大数据"联动发展方式，结合当地的电力、网络、通信等资源向企业或客户提供人工智能、混合云计算、大数据、离线计算、数据挖掘等业务，端口使用率超过 70%，网络连接到省骨干网，用户网络规划在不同的机房楼宇间，通过双路由光缆互联，具备高速网络连接和内部管理的能力。环首都·太行山能源信息技术产业基地如图 5-7 所示。

图 5-7　环首都·太行山能源信息技术产业基地

7. 网络质量

根据业务需求，选择带宽及网络时延满足业务需要的算力中心，对于网络时延毫秒级要求的业务选择就近的边缘算力中心，对于时延要求相对较低的大型算力中心业务根据具体要求选择不同地域范围，具体可参考表5-2。

表 5-2　不同类型业务对应可选算力中心的范围

业务种类	时延要求
网络时延要求极高的业务（例如车联网、工业互联网等）	毫秒级
网络时延要求较高的业务（例如网络游戏、付费结算等）	10 毫秒以内

（续表）

业务种类	时延要求
网络时延要求中等的业务（例如网页浏览、视频播放等）	50 毫秒以内
网络时延要求较低的业务（例如数据备份存储、大数据运算处理等）	200 毫秒以内或更长

网络时延主要包括信号传输时延和网络跳转时延，不同网络节点间的跳转时延也存在差异。根据经验值，可大致圈定不同类型业务对应的可选地域范围。此外，根据算力中心网络跳转情况分析计算，具体时延建议用户以实测数据为准。

8. 价格成本

算力中心租用价格主要由建设投入、运营成本及供需关系等因素决定，受电力价格和供需关系影响较大。在算力中心资源供应紧张的地区，租用价格受供需关系影响较大，总体价格水平较高；在资源供应充足的地区，租用价格受运营成本（主要是电力成本）影响较大。从全国来看，北京市、上海市、广州市、深圳市等一线城市算力中心供应紧张，电力成本高，总体租赁价格较高，其他地区供给相对充足，价格相对较低。地处不同区位的算力中心租用价格大致水平见表 5-3。

表 5-3　不同地区算力中心租用价格

地区	资源情况	价格水平
北京市、上海市、广州市、深圳市	供应紧张	总体较高
北京市、上海市、广州市、深圳市的周边地区	供应相对充足	比北京市、上海市、广州市、深圳市低 20%～30%
中西部地区	供应充足	比北京市、上海市、广州市、深圳市低约 50%
东北地区	供应相对充足	比北京市、上海市、广州市、深圳市低约 50%